U0332184

WE BUILD OUR HOMES

Text copyright © Laura Knowles

Illustration copyright © Chris Madden

First published in 2018 by words & pictures, an imprint of The Quarto Group.

The Old Brewery, 6 Blundell Street, London, N7 9BH, United Kingdom.

著作权合同版权登记号：黑版贸审字号08-2019-159

图书在版编目（ＣＩＰ）数据

动物是如何成为建筑大师的？ / (英) 劳拉·诺尔斯
(Laura Knowles) 文；(英) 克里斯·马登
(Chris Madden) 绘；马超越译. -- 哈尔滨：黑龙江美
术出版社, 2020.12
（大自然里的酷知识）
ISBN 978-7-5593-5778-6

Ⅰ.①动… Ⅱ.①劳… ②克… ③马… Ⅲ.①动物 -
儿童读物 Ⅳ.①Q95-49

中国版本图书馆CIP数据核字(2020)第061702号

系 列 名/ 大自然里的酷知识
　　　　 DONGWU SHI RU HE CHENG WEI JIANZHU DASHI DE?
书　　 名/ 动物是如何成为建筑大师的?
作　　 者/ (英) 劳拉·诺尔斯/文　(英) 克里斯·马登/绘　马超越/译
责任编辑/ 颜云飞
特邀编辑/ 周睿姝
装帧设计/ 王秀凤
出版发行/ 黑龙江美术出版社
地　　 址/ 哈尔滨市道里区安定街225号
邮政编码/ 150016
发行电话/ (0451) 84270524
经　　 销/ 全国新华书店
印　　 刷/ 当纳利（广东）印务有限公司
开　　 本/ 1/16 889mm×1194mm
印　　 张/ 4.5
版　　 次/ 2020年12月第1版
印　　 次/ 2020年12月第1次印刷
书　　 号/ ISBN 978-7-5593-5778-6
定　　 价/ 46.00元

· 大自然里的酷知识 ·

动物
是如何成为
建筑大师的？

[英]劳拉·诺尔斯/文

[英]克里斯·马登/绘

马超越/译

黑龙江美术出版社

目 录

天生建造家

有一个家最大的好处是什么？

家是我们和亲人共同生活的地方。家能让我们感到温暖与舒适，还能让我们安全地在里面休息。

动物们因为同样的理由搭建自己的家。许多动物在远离天敌的地方安家，这样它们可以安全地抚养宝宝长大。

有很多动物做窝，是为了温暖地度过寒冬，或是为了在炎热的夏天保持凉爽。

还有一些动物盖房子来储存食物，甚至有少数动物搭窝筑巢仅仅是为了吸引异性的关注。

我们的房子可以使用多年，但是许多动物每年都得盖一个新房子。家关系着它们的生死存亡。

这本书里的每一个故事都是真实的。这些故事为我们介绍了许多不可思议的动物建筑师，它们和我们人类一样，是天生的建造家。

我们是 **缝叶莺**，

嘴巴像针一样的筑巢家。

在我们的家庭里，雌鸟负责筑巢，雄鸟负责守卫。我们可不希望自己的地盘被别的缝叶莺抢走。

为了筑巢，我们先要沿着一片大树叶的边缘戳许多洞。

接下来，我们要把叶子缝起来做成一个圆锥体。森林里最适合的缝纫线是什么呢？

我们选择的是蜘蛛丝或植物须根。

我们还在树叶里用草
编了一个精致的杯子，再铺上
棉花、羽绒和毛皮让它更柔软。

我们宝贵的蛋就下在这里面。

我们的针线活儿做得
非常细致，那片被我们当
作鸟巢的叶子仍然绿油油
的，并不会枯萎——这
是我们隐藏幼鸟最完
美的伪装。

我们是 **织布鸟**，

我们有非常灵巧的鸟嘴和双腿。

我们的房子是用草绳编成的，
我们的家建在高高的地方，天敌
很难接近这里，我们可以安全
地抚养宝宝。

筑巢是雄鸟的责任。

雄鸟都希望自己的巢能给雌鸟留下好印象。

"我的巢最棒了！"
"来我这里下蛋吧！"

我们的巢挂在多刺的树枝上，
看起来就像一个大水滴。印度的阳
光会把它由绿色晒成棕色。

我们是 **缎蓝园丁鸟**。

我们的羽毛光鲜亮丽，引人注目。

我们雄鸟的建筑天赋可不单单只是为了搭窝或者筑巢。我们用才能展现自我。

为了吸引雌鸟的关注，每一只雄鸟都要用嫩枝搭一个求偶亭。

雄鸟还会在求偶亭外面铺上一层漂亮的蓝色地毯，这得用上蓝色的花瓣、蓝色的浆果，甚至还有蓝色的塑料。

求偶亭和雄鸟的翅膀特别般配，它能吸引附近每一只雌鸟的目光。

　　如果雌鸟被某一座求偶亭打动了，她会选择建造者
作为自己的伴侣。

　　这听起来可能很怪，不过爱情就是这么奇妙。

我们是 **灶巢鸟**。

我们用泥土搭窝。

我们要一口一口地把泥衔到树上，把它们一点点堆起来。

为了把窝盖得更高一些，我们需要连续工作几个星期，甚至是几个月。我们在准备下蛋的地方盖一个圆形的屋顶。曲曲折折的入口可以防止鸟蛋被发现。

我们夫妻俩互相配合，
把窝搭得恰到好处。

夏天的太阳会把我们的巢烘烤坚硬。我们的家
看起来就像灶台上的火炉，又像烤箱里的饼干。

我们是 **群居织巢鸟**。

我们喜欢叽叽喳喳、热热闹闹的邻里关系。

如果你发现树上有一片干草堆，那其实是我们的楼房。

在沙漠里，巢穴能让我们在炎热的白天保持凉爽，在寒冷的夜晚保持温暖。我们的家在高高的树枝上，可以阻挡一部分天敌靠近。

我们齐心协力用嫩树枝和草秆筑巢，然后在里面铺上柔软的皮毛和棉花。

只要我们共同努力维护我们的房子，它可以保存一百年。

17

我们是 **爪哇金丝燕**。

你可能会认为只有蝙蝠住在洞穴里，其实我们也是呢。
我们飞进飞出，一边飞翔，一边捕食昆虫。

我们美味的巢是用唾液做成的。我们的巢牢牢地粘在
石头上，就像上千个浅口杯。
每个巢穴只能容纳 2 个小鸟蛋。

有些人喜欢用我们的窝做汤，因此我们也被叫做
"巢可以吃的金丝燕"。

你想吃我们的口水吗？

我们是 **大斑啄木鸟**。

我们经常爬到树上，用凿子一样的鸟嘴在上面敲敲打打。

我们干活的时候，森林里就会响起这样的声音。

"哒哒哒！

突突突！"

在一片绿色中，你留意到我们身上闪耀的红色了吗？还有黑色、白色。那是我们羽毛的颜色。

我们的木匠技能对付树干绰绰有余。我们用鸟爪紧紧抓住树皮，用鸟嘴在树干上凿出一个洞，我们的蛋就下在洞里。

你可能会觉得鸟洞的入口很小，但里面有你的小手臂那么长。

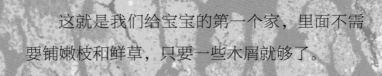

这就是我们给宝宝的第一个家，里面不需要铺嫩枝和鲜草，只要一些木屑就够了。

如果宝宝向我们要吃的，它们会把小嘴从平整的洞口伸出来。

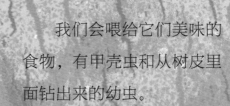

我们会喂给它们美味的食物，有甲壳虫和从树皮里面钻出来的幼虫。

21

我们是 **白鹳**。

我们认为家越大越好，
我们的窝是茅草盖的大平台。

能在哪里盖这么大的窝呢？我们选择了烟囱、屋
顶、高树和电话线杆。

为了盖一个1米多宽的窝，我们得用许许多多的草
和木棍！幸运的是，鸟爸爸和鸟妈妈会齐心协力。

我们在高高的"瞭望塔"上抚养宝宝。对于长腿鸟
类来说，这是多么高的生命起点啊！

我们是 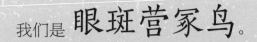 **眼斑营冢鸟**。

我们会做一个土堆，把蛋埋起来。

到了冬天，雄鸟就开始搭建我们巨大的窝。

首先，要挖一个大洞，它大概有 1 米深、3 米宽。

咔，咔，咔咔！

冬去春来，我们还有很多事情要做。我们把树叶和嫩枝填入坑里，直到树叶堆高出地面形成一个土堆。

24

　　夏天时，雌鸟每个星期都会在土堆里下一个蛋，雄鸟用泥沙覆盖在土堆上降温。

　　随着土堆里的树叶慢慢腐朽，它们会释放出热量。这能让我们的蛋保持温暖，就像我们坐在上面一样。

　　当鸟宝宝破壳而出时，它们会一路挖出来，然后快速地跑进灌木丛。

我们是 **白蚁**。

我们的家是高高耸立的土堆。

如果你变得很小，钻进我们家里，你会看见什么？

里面有空气流通的通道，有工蚁们进进出出的通道，有蚁后产卵的房间，还有养育幼儿的育儿室。

我们用唾液和排泄物快速粘住土壤堆起一座座小山，太阳很快会把它们烤硬。我们就生活在凉爽、漆黑的小山里。

我们的聚集地里有几百万个小伙伴。我们个体的力量十分渺小，但我们联合起来可以改变陆地风景。

我们是 **蜜蜂**。

采花酿蜜的小精灵。

我们采集花露，酿制成蜂蜜。

蜂房是我们储藏过冬粮食的
地方——里面收藏的蜂蜜能给我们提供充足
的能量，供我们度过寒冷的冬天。

我们不必四处搜寻盖房子的材料，因为我们
可以自己制造出来！我们的身体能把蜂蜜变
成蜂蜡，再通过不停地咀嚼，把蜂蜡做
成蜂巢。

我们的蜂巢是六边形的，这是储藏蜂蜜的
最好结构！它牢固结实，却只需要很少的蜂蜡。

一些蜜蜂被人类养殖，用来采蜜。但我们
是野生的，自由自在。我们生活在树林，在微
风中飞舞，我们的生活无拘无束。

我们是 **造纸胡蜂**。

穿着黄夹克的工人。

我们把木头嚼碎，再用唾沫把它们粘起来做成蜂巢。

我们的蜂巢由一个个六边形的小房间组成，它们都是我们的育儿室。

在春天，蜂后独自筑巢。但是很快，作为蜂后的孩子，我们出生了，就可以一起把蜂巢做得更大了。

经过一个夏天的工作，蜂巢变得更大，新的蜂后们也孵出来了。等到明年，她们就得自己筑巢了。

冬天，没有足够食物的时候，我们这些工蜂就得离开这个世界了，但是我们的巢还会留下来，里面空荡荡的，这是我们团队合作的纪念。

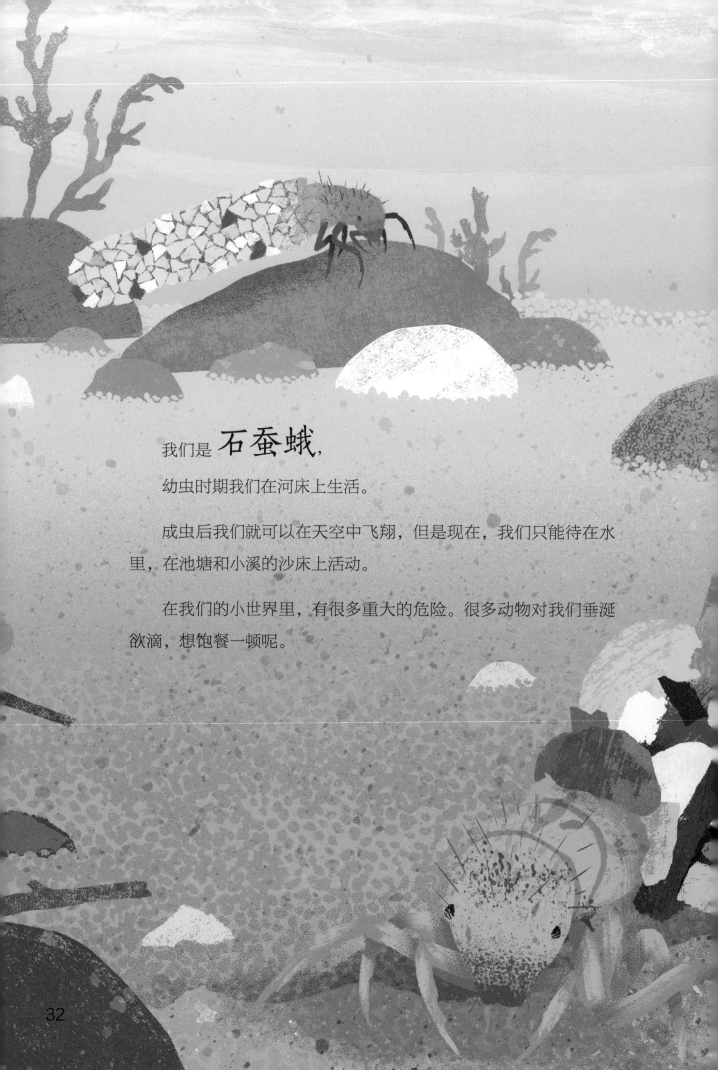

我们是 **石蚕蛾**，

幼虫时期我们在河床上生活。

成虫后我们就可以在天空中飞翔，但是现在，我们只能待在水里，在池塘和小溪的沙床上活动。

在我们的小世界里，有很多重大的危险。很多动物对我们垂涎欲滴，想饱餐一顿呢。

不过，我们有一种保护自己的聪明法子——做一个可以随身携带的小房子。

这是我们的伪装防护服，是用卵石、砂砾、枯枝和贝壳做成的，用丝串起来了。

我们藏在自己的移动房子里面，甚至可以悄悄地接近我们的猎物。成为一个水下建筑师真是好处多多。

我们是 **蛭蟷**(dié dāng)，

耐心隐蔽的伏击者。

我们虽然是蜘蛛，但是不织网，只挖洞。

我们的洞口有一个用土和丝做成的小盖子，藏在苔藓和树叶之间：这是活盖门。

在陷阱外面，我们还准备了结实的丝线：这是绊网。

如果有昆虫绊到了这些丝线，我们能感觉到丝线的震动，于是我们……

冲出去！

打败它们！

我们把它们捉住，拖回洞里当做食物。

我们是 **达尔文树皮蜘蛛，**

强大的风骑士。

你以前见过蜘蛛网，但绝对没见过这么大的蜘蛛网！我们织的网是所有蜘蛛里面最大的，足有 3 辆公交车连起来那么大。

我们的网跨越河流之上，那里有很多飞虫任由我们捕捉。

我们先让长长的丝线在微风中飘浮。我们就像走钢丝一样沿着这根丝走下去，在下面织成一个球形的大网。

其他任何蜘蛛都不能在如此巨大的狩猎场织成这么大的网。

只有特别结实的蜘蛛丝才能
结成这么大的网，我们的丝还打破了
世界记录呢！

它是所有生物创造的材料中最为结实的，
比一般的蜘蛛丝结实 2 倍。

我们是 **织叶蚁**。

我们把树枝和树叶编织到一起。

我们团结合作，把生长中的绿树叶做成我们的房子。房子里面很安全，我们可以安心在里面孵卵。

一部分织叶蚁会用脚和嘴抓住需要调整的树叶，一个挨着一个形成一个链条。

拉过来！拉过来！

等到叶子的两端边缘被拉到一起以后，我们会齐心协力保持住。其他织叶蚁就会用幼虫吐出的丝把它们粘在一起。我们会用丝线缝紧叶子之间的缝隙。

编起来！编起来！

我们的聚集地有上百万只蚂蚁，所以我们的家可不止一个树叶窝，我们拥有十几个这样的树叶窝——这是一个活灵活现的蚂蚁城市，就在高高的树上。

我们是 **哥法地鼠龟**，

背着硬壳的开凿者。

我们的前腿覆盖着坚硬的鳞片。挖洞时，它能防止我们受伤。

不去觅食的时候，我们就安全地在地下消磨时间。

在地底下，既不太热，也不太冷。我们还能在这里
躲避天敌和森林火灾。

虽然我们看起来不是在挖洞，就是
在吃饭睡觉。但我们的贡献可大了——
许许多多的动物都喜欢使用我们挖的地
下隧道。

要是没有我们，它们该怎么办呢？

我们是 狐獴，

黑眼睛的沙漠守望者。

我们在喀拉哈里沙漠坚硬的沙土下面挖洞。我们的家在干旱的沙漠下面，凉爽、阴暗。

我们的洞有许多入口，也有许多房间。

之所以需要这么多房间，是因为我们把家庭看得很重要。在一个狐獴家族里面，可能有 50 多个毛茸茸的成员。

我们的家不止一个——我们有 10 多个家！我们每过几天就搬一次家，在新家附近觅食。如果我们一直住在一个地方，家里就会变得脏兮兮。

至少有一只狐獴负责站岗放哨，它会站得笔直，提防潜在的危险。

叽！叽！叽！

如果我们发现了一只雕、一只胡狼，或者一只鹰，就要立刻报警。飞奔回我们地下的家。

我们是 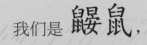鼹鼠，

又小又软的挖洞人。

我们用像铲子一样的小爪子挖隧道，用敏锐的
鼻子寻找小虫。

我们一生中大部分时间都在地下度过，所以我们生来便是
为了挖洞和闻味道的，而不是为了奔跑和看东西。

如果让你观察一座鼹鼠丘，你就会为脚下的隧道大吃一惊。
我们的隧道网络可以扩展到几百米，甚至更远。

我们还有贮藏室，
里面存放着我们以后要
吃的小虫子。

要知道，一只鼹鼠每天要吃相当于自己
体重一半重的蠕虫。挖土可是个累活！

我们是 **土豚**,

我们强壮的爪子能像铲子一样挖进土里，铲出一个洞穴。

每只土豚都有一个属于自己的洞穴。我们白天就睡在那里，洞里面凉爽黑暗。等到炎热的太阳下山以后，我们就出来寻找白蚁吃。

虽然我们的洞穴对你们来说并不大，但它们却有许多的入口和通道。

许多动物也会使用这些洞穴。你可能会在里面发现一只穿山甲或者一只豪猪……甚至说不定你还能看到一只猎豹！

你看，我们的洞穴是能够借住的很好的房子呢！

我们是 **北极熊**，

藏在雪里的熊。

北极熊妈妈在冰雪或者土里面为熊宝宝挖洞。

很快，冰雪就会把我们的入口盖住，我们的洞穴就隐藏起来，但会留有一个通风口让新鲜空气进来。

等到仲冬来临，我们的小宝宝就会出生。在雪地的洞穴里，冰雪会保持温度稳定。

在陆地上，冬天很少会有阳光，只有凛冽的寒风呼呼地吹。

我们要在洞里面隐藏 5 个月，给我们的宝宝喂奶，我们自己则什么也不吃。

当春天的阳光照耀大地时，宝宝也变得强壮了，我们就会从洞里钻出来，进入耀眼的白色大地。

我们是 **草原犬鼠**。

其实我们长得一点儿也不像狗。

但我们的确生活在大草原上：快乐地奔跑，在洞里穿梭，担心天敌随时入侵。

"那只草原狼发现我们了吗？"

"快！藏到下面！"

我们的藏身处有许多通道。你能通过地上的
土堆找到入口。

我们的洞里有托儿所、卧室，甚至还有专门
用来上厕所的地方。

虽然我们没有高楼大厦，也没有火车站，但我们的家和
人类的家有许多相同之处：我们居住的地方也是一个城镇。
我们几百只草原犬鼠生活在一起，最大的草原犬鼠城镇
能延绵数英里。那可是一个热闹的地下城市。

我们是  巢鼠，

住在麦秸上的老鼠。

我们用爪子和牙齿把鲜草编织成一个窝。

它被茂密的草秆高高地撑起，就像一个隐蔽的
阁楼，又干爽又安全。

我们的宝宝就住在里面，它们
光秃秃的，什么也看不见。它们太
小了，既不会跑，也不会攀爬和隐
藏自己。

但只要过了十多天，它们就能在外面玩耍了。

即使我们搬走了，我们的老家还会留下来，就像干草地里的一个小宝藏。

我们是 **河狸**，

毛茸茸的伐木工。

我们用长长的、硬硬的牙齿和强壮
有力的爪子，咬啊咬啊咬。

54

我们用这些树枝做什么呢？我们做了一个把溪流变成池塘的水坝。

在池塘的中间，我们盖了自己的房子。我们需要潜水，才能进到家里面，它就像被护城河环绕的城堡一样安全。

我们是 **黑猩猩**，

搭巢的猿猴。

在树上可以远离潜伏的猎豹，所以
更加安全。我们每个夜晚都会造一个新
床。在那里我们能舒服地睡一晚上。

每一个黑猩猩都知道哪里最适合搭巢：铁木树上。

我们在上面用柔软的细树枝和树叶搭一个平台。

一个好窝非常重要，毕竟我们可不想在晚上掉下去。

我们是 **人类**。

陆地的掌管者，世界的创造者。

我们在地下挖掘隧道，建造直达天际的高塔。

我们建造舰船，
带我们穿越世界，或
者进入太空。

我们聚在一起建造小村庄或者大城市。

我们用泥土，用砖瓦，用钢筋和玻璃建造。

我们可能是更聪明一些的建造者，但我们并不孤单。

我们共同生活在这个世界，一起分享这个我们称之为家园的星球。

世界地图

这本书里的动物建筑大师来自世界各地。第 62~64 页有它们的基本档案，你能了解到它们的分布情况。快来找找看，你能在地图上找到它们的家吗？

北极圈

大不列颠岛

北美洲

北大西洋

北太平洋

赤道

南美洲

南太平洋

南大西洋

南冰洋

北冰洋

亚洲

日本

拉沙漠

印度

北太平洋

非洲

大洋洲

印度洋

马达加斯加

澳大利亚

南冰洋

南极洲

建筑师档案

鸟类建筑师

缝叶莺

种：长尾缝叶莺（Orthotomus sutorius）

分布地区：亚洲

栖息地：森林、灌木、农田和花园

建筑作品：缝制叶子做的巢

织布鸟

种：黄胸织布鸟（Ploceus philippinus）

分布地区：印度和东南亚

栖息地：炎热、干燥的草地和灌木

建筑作品：用草编成的吊巢

缎蓝园丁鸟

种：缎蓝园丁鸟（Ptilonorhynchus violaceus）

分布地区：澳大利亚东部

栖息地：雨林

建筑作品：用嫩枝搭建的求偶亭

灶巢鸟

种：红灶鸟或棕灶鸟（Furnarius rufus）

分布地区：美洲东南部

栖息地：大草原、灌木和农田

建筑作品：用干草和泥做成的形似炉子的巢

群居织巢鸟

种：群居织巢鸟（Philetairus socius）

分布地区：非洲南部

栖息地：非洲稀树草原

建筑作品：用草叶、柳树纤维等编织成的大型复合社区巢

爪哇金丝燕

种：爪哇金丝燕（Aerodramus fuciphagus）

分布地区：东南亚

栖息地：滨海岩洞

建筑作品：用唾液做成的形似浅口杯的巢

大斑啄木鸟

种：大斑啄木鸟（Dendrocopos major）

分布地区：欧洲、亚洲以及北非部分地区

栖息地：森林

建筑作品：用嘴在树干上凿出的鸟窝

白鹳

种：欧洲白鹳（Ciconia ciconia）

分布地区：在欧洲、非洲西北部和亚洲西南部繁殖，冬天迁徙到撒哈拉以南地区和非洲南部

栖息地：湿地、草地、农田和稀树草原

建筑作品：用草、木棍做成的大巢

眼斑营冢鸟

种：眼斑营冢鸟（Leipoa ocellata）

分布地区：澳大利亚南部

栖息地：灌木丛林

建筑作品：用泥土和落叶堆起来的土堆

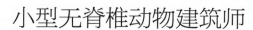

小型无脊椎动物建筑师

白蚁

种：澳洲罗盘白蚁（Nasutitermes triodiae）

分布地区：澳大利亚北部；其他营建土堆蚁巢的白蚁生活在非洲和南美洲

栖息地：开阔的稀树草原林地

建筑作品：形似泥塔的恒温蚁巢

蜜蜂

种：西方蜜蜂或欧洲黑蜂（Apis mellifera）

分布地区：世界各地，不包括极地地区

栖息地：草地、开阔林地和花园

建筑作品：在树枝或空心树的树干上做的六边形蜂巢

造纸胡蜂

种：欧洲造纸胡蜂（Polistes dominula）

分布地区：欧洲、北非和亚洲；被引进到南北美洲和澳大利亚

栖息地：温带草原和森林

建筑作品：用木纸浆和唾液做的六边形蜂巢

石蚕蛾

目：毛翅目（Trichoptera）

分布地区：世界各地

栖息地：湖泊、河流和小溪河床

建筑作品：用卵石、砂砾、枯枝和贝壳做成随身携带的小房子

螲蟷

科：螲蟷科（Ctenizidae）

分布地区：北美洲温暖地区、南美洲、亚洲、澳大利亚和非洲南部

栖息地：温带和热带地区

建筑作品：一个有活盖门的洞穴

达尔文树皮蜘蛛

种：达尔文树皮蜘蛛（Caerostris darwini）

分布地区：马达加斯加

栖息地：在河流、溪流上面

建筑作品：跨越河流的球形大蛛网

织叶蚁

种：非洲的长结织叶蚁（Oecophylla longinoda）和热带亚洲黄猄蚁（Oecophylla smaragdina）

分布地区：撒哈拉沙漠以南的非洲、印度、东南亚和澳大利亚北部

栖息地：雨林

建筑作品：用幼虫吐出的丝线把绿树叶粘在一起做成的树叶窝

爬行类建筑师

哥法地鼠龟

种：哥法地鼠龟（Gopherus polyphemus）

分布地区：北美洲东南部

栖息地：长叶松森林、灌木丛、干旱沙地高原和海岸沙丘

建筑作品：一个约 12 米长、3 米深的洞穴

哺乳动物建筑师

狐獴

种：狐獴（Suricata suricatta）

分布地区：非洲南部

栖息地：沙漠

建筑作品：一个有很多房间、通道的家族洞穴

鼹鼠

种：欧洲鼹鼠或普通鼹鼠 (Talpa europaea)

分布地区：大不列颠和欧洲大陆大部分地区

栖息地：草地、农田、花园和公园

建筑作品：一个巨大的隧道系统

土豚

种：土豚（Orycteropus afer）

分布地区：撒哈拉沙漠以南的非洲

栖息地：稀树草原、草原、森林、林地和丛林

建筑作品：一个有很多入口、通道的地下洞穴

北极熊

种：北极熊（Ursus maritimus）

分布地区：北极圈及附近地区

栖息地：海洋浮冰，一些北极熊会在夏天返回陆地

建筑作品：在雪地挖的洞穴

草原犬鼠

种：黑尾土拨鼠（Cynomys ludovicianus）

分布地区：北美洲大草原地区

栖息地：干燥、开阔的草地

建筑作品：一个功能齐全、能容纳整个家族的巨大洞穴

巢鼠

种：欧亚巢鼠（Micromys minutus）

分布地区：欧洲、中亚以东直至日本

栖息地：草地、农田以及湿地

建筑作品：挂在草秆上用鲜草编织的小窝

河狸

种：北美洲河狸（Castor canadensis）

分布地区：除弗罗里达、美国西南部、墨西哥和北部苔原带的整个北美洲；被引进到巴塔哥尼亚地区及南美洲

栖息地：湖泊、河流、小溪附近的林地

建筑作品：在用啃倒的树木做成的水坝中间盖的小房子

黑猩猩

种：黑猩猩（Pan troglodytes）

分布地区：非洲中部和西部

栖息地：森林

建筑作品：用柔软的细树枝和树叶搭建的临时住所

人类

种：人类（Homo sapiens）

分布地区：全世界

栖息地：所有栖息地

建筑作品：各种各样的房子，摩天大厦、隧道、桥梁和其他建筑，使用各种材料建造的房子